COMMENT ON DÉFEND SON VIGNOBLE

Moyens de prévenir et de combattre les Maladies de la Vigne

PAR

G. FABIUS DE CHAMPVILLE
Membre des jurys vinicoles aux concours régionaux et membre du jury des produits au Concours général de Paris
Officie du Mérite Agricole. -- Officier de l'Instruction publique

Prix 1 franc

DEUXIÈME ÉDITION

PARIS
ÉDITION MUTUELLE
29, RUE DE SEINE, 29

COMMENT ON DÉFEND

SON VIGNOBLE

OUVRAGES DU MÊME AUTEUR

Comment s'obtient le bon cidre, 1 volume in-8, de 320 pages avec 63 gravures dans le texte, honoré d'une souscription du Ministère de l'Agriculture. Relié toile, 4 fr. »

Comment on défend son bétail, moyens de prévenir et de combattre la fièvre aphteuse (cocotte), honoré d'une souscription du ministère de l'Agriculture, 1 fr. »

Les ennemis du blé, 3 fr. 50

La France agricole, industrielle et commerciale, 2 fr. 50

La Guyane, ses richesses, son avenir, 2 fr. 50

Jeanne d'Arc, étude scientifique et philosophique, 1 fr. 25

SOUS PRESSE :

Comment on défend son écurie et ses chevaux.

Comment on obtient le bon beurre.

Comment on défend son chenil.

Comment on obtient la bonne bière.

Comment on défend son grenier, ses grains et ses fourrages.

La tuberculose et l'agriculture.

Comment on défend sa cave et son cellier.

La France coloniale, agricole, industrielle et commerciale.

Comment on défend son verger et ses arbres.

Comment on défend son étable et ses bestiaux.

Comment on défend sa bergerie et ses moutons.

Comment on défend ses tapisseries, ses étoffes et son mobilier.

LVIII

COMMENT ON DÉFEND SON VIGNOBLE

Moyens de prévenir et de combattre les Maladies de la Vigne

PAR

G. FABIUS DE CHAMPVILLE

Membre des jurys vinicoles aux concours régionaux et membre du jury des produits au Concours général de Paris
Officie du Mérite Agricole. -- Officier de l'Instruction publique

Prix 1 franc

PARIS
ÉDITION MUTUELLE
29, RUE DE SEINE, 29

COMMENT ON DÉFEND

SON VIGNOBLE

Moyens de prévenir et de combattre les Maladies de la Vigne

La culture de la vigne a été en France, l'une des branches de l'Agriculture qui, longtemps, fut la plus rémunératrice.

Les maladies, après abaissement de la moyenne des températures dans notre climat, se sont multipliées, et les insectes ainsi que les parasites végétaux, ont attaqué à qui mieux mieux les ceps qui donnèrent à tant de générations, avec une liqueur réconfortante, une joie saine que les poètes ont chantée dans des vers qui nous garderont la mémoire des Basselin, des Panard et tant d'autres gais amateurs des amicales beuveries d'autrefois.

Nous allons étudier succinctement et chaque maladie et chaque ennemi de la vigne, en nous efforçant de donner sous la forme la plus simple et la plus brève, les moyens les plus pratiques, à la portée de tous, de prévenir et guérir les unes et de détruire les autres.

Les Maladies

LA GELÉE ET LES INTEMPÉRIES

Nous devons, par les suites qu'elle peut avoir, nous occuper tout d'abord de la gelée.

Les fortes gelées de l'hiver ne doivent pas nous arrêter, elles sont en général moins dangereuses que celles du printemps, et en se préparant à parer aux abaissements de température subits du printemps, il y a lieu de mettre au point pour l'hiver. De cette façon on est prêt pour mars, avril et mai.

Nous n'attachons peu ou pas d'importance à l'influence lunaire, mais nous croyons que l'influence des changements de l'atmosphère est considérable. Et c'est pour cela que nous nous préoccupons de la gelée, que nous avons vue, une année, anéantir des ceps qui étaient réputés pour leur résistance.

On le sait, les gelées de printemps frappent de préférence les vignobles de la plaine et des vallées qui sont mal abrités. Cela s'explique par la stagnation d'une manière plus dense de l'air froid et humide qui s'abat sur eux et y séjourne, jusqu'au moment où l'évaporation se produit, abaissant la température et gelant profondément les vignes.

Une saison froide et pluvieuse est préjudiciable à la vigne quel que soit le pays. Dans une atmosphère humide et froide, la plante n'est pas dans d'heureuses conditions et forcément s'étiole. Quant au raisin, le peu que l'on obtient est sans parfum et aussi sans beaucoup de glucose. Il donne un jus insipide qui s'aigrit facilement et constitue ces vins qui tournent si aisément à la graisse.

Ce sont les pluies qui causent la coulure lorsque la grappe est en fleurs.

Par contre, les vents ne valent pas mieux que les pluies. Ils dessèchent et la terre et la plante, durcissent le sol et tuent les jeunes pousses qui tombent comme brûlées.

Les brouillards sont très nuisibles à la vigne, surtout au printemps et en automne, ils la prédisposent à la gelée.

Enfin nous ne saurions trop le répéter, les gelées de printemps sont le grand péril de tous les vignobles, mais de plus, il y en a un autre, non moins redoutable : c'est la grêle.

C'est un fléau bien cruel que ce dernier. En un instant, parfois sans un reste d'espoir, il anéantit un vignoble. On a vu des vignerons obligés d'arracher les ceps trop abîmés et ruinés ainsi, être forcés d'attendre des années avant de rien retirer de leurs vignes qui leur avaient déjà coûté tant de soins et d'argent.

Contre les gelées, nous allons voir rapidement ce qu'il y a moyen de faire.

Des gelées d'hiver souvent la conséquence est à négliger. Du reste elles n'attaquent profondément que les vignobles de bas-fonds. On peut le vérifier par soi-même, le bouton de la vigne est, pour ainsi dire, garanti contre les froids de la saison hivernale par une sorte de petite membrane cotonneuse qui l'emmaillote, et, comme il contient peu d'éléments aqueux, il résiste facilement à d'assez basses températures.

Contre les gelées d'hiver et les grandes gelées tardives, nous avons vu dans le sud de la Russie, de même en Moldavie et dans quelques vignobles de Hongrie, employer un moyen qui est d'une grande simplicité : Dès que l'on voit poindre les bourgeons, et même si l'on craint l'effet de la gelée pour les ceps, on couche le sarment, et on le recouvre de 5 à 6 ou 7 cm. de terre. Comme les vignes sont suffisamment espacées, on pratique ce système, grâce à un labour approprié. C'est du reste de cette façon que certains vignerons de la Moselle s'y prenaient quelques années après la guerre de 1870-1871.

Le mode le plus pratique de combattre ou d'empêcher les gelées, c'est la production de nuages artificiels.

Suivant les pays les plantations diffèrent. Dans les régions où les vignes sont très espacées, on peut établir entre chaque rangée de ceps, un petit tas d'herbes sèches, de feuilles, de foin pourri ou de paille avariée et chaque fois que le danger d'une gelée est à craindre, et cela se prévoit assez facilement, surtout quand c'est le vent du nord qui souffle, on allume une heure avant le lever du soleil les amas préparés et la fumée compacte qui s'en élève empêche l'évaporation subite de de produire sur la plante son si rapide et si préjudiciable abaissement de la température.

Dans certains pays, quand les vignes sont de petite étendue, ce sont les maîtres eux-mêmes qui se lèvent tôt et viennent secouer sur chaque cep la fumée de torches en paille de seigle ou en foin avarié, humidifiées par la fermentation.

La fumée résout la gelée et c'est une bonne rosée qui la remplace.

On a trouvé mieux. Maintenant on fait ses préparatifs d'une façon minutieuse et scientifique.

Sur les cotés du vignoble, surtout ceux qui se trouvent sous les vents dominants, on installe des foyers de 10 mètres en 10 mètres. Dans la vigne, des lignes espacées de cent mètres, mais faites de foyers placés de vingt mètres en vingt mètres, sont également aménagées.

Les foyers sont constitués par de vieilles marmites, des seaux hors d'usage, de mauvais tonneaux coupés en deux, des baquets mis au rebut.

Ils sont remplis de paille humide, de broussailles, de brai, de goudron ou d'huiles lourdes, de résine, de pétrole même, avec des branchages d'arbres verts, pins, sapins, ifs.

Chaque nuit un veilleur est commandé, et au moindre indice de gelée, il sonne le branle-bas ; les vignerons se lèvent et chacun d'eux va, une heure avant que le soleil ne paraisse, allumer les récipients.

La fumée s'étend sur la vigne en un gros nuage et la récolte future, une fois de plus est sauvée.

L'emploi des nuages artificiels ne date pas d'hier. Si nous en croyons les historiens, Pline et plus tard Olivier de Serres, l'auraient eux-mêmes préconisé. Les Espagnols l'ont emprunté aux Indiens.

On a apporté de nouvelles améliorations à l'usage des nuages artificiels. Nous-même avons imaginé un système très pratique qui peut fonctionner automatiquement pendant les heures dangereuses où la fumée est nécessaire.

Grâce à un système très ingénieux, chaque foyer est relié par un fil électrique à son voisin. Le circuit est divisé en deux et suivant l'orientation du vent un commutateur déplacé par une girouette laisse passer le courant du côté où vient le vent.

Des thermomètres sont placés à des endroits utiles et quand le mercure sous l'abaissement de la température descend au-dessous de — 2°, il permet un contact qui laisse passer le courant. Celui-ci allume chaque foyer et bientôt, grâce à ce système automatique, le vignoble est couvert d'un nuage de fumée opaque.

Cela est assez facile dans les exploitations où les propriétaires ont plusieurs hectares d'un seul tenant.

Pour les autres, nous ne saurions trop recommander aux petits vignerons de se syndiquer, de s'entendre tout au moins, pour organiser en commun des foyers qui en temps opportun fourniront des nuages artificiels sur les vignes de toute une commune.

Contre les gelées, nous avons dans les grands vignobles vu employer une série de moyens plus pratiques les uns que les autres et dont l'ingéniosité mérite une citation.

C'est ainsi que le maître vigneron du vignoble Pommery et Greno en dehors des claies que l'on met contre le vent pour protéger le cep, a fait tresser d'autres claies faites en paille et reliées par de solides fils de fer.

Il peut à son gré les placer verticalement contre le vent ou, grâce aux fils de fer qui s'adaptent à des crochets, horizontalement au-dessus. Le mètre revient à 0,20 et on a ainsi un moyen de préservation excellent.

Mais M. Corpart a fait mieux il a innové un système de toiles que l'on tend rapidement en forme de toit, au-dessus des lignes de ceps et qui peuvent à son gré prendre la forme simplement horizontale ou la forme triangulaire comme les toitures de maisons.

On évite ainsi et les rayons trop brûlants quand il y a lieu et les grêlons si le temps est menaçant, après avoir évité les gelées printanières ou les pluies exagérées.

Nous devons noter cette initiative heureuse parce qu'elle peut être généralisée dans les vignobles de crus renommés, et ce n'est qu'une indication qui peut faire naître d'utiles appropriations dont les viticulteurs n'auraient qu'à se louer.

Nous avons souvent entendu vanter pour éviter l'effet des gelées, d'un badigeonnage au sulfate de fer qui, retardant le débourrement de huit à dix jours, augmente les chances d'échapper à la gelée blanche.

Au Chili, les vignerons ont poussé la précaution plus loin. Ils submergent leurs vignes de cinq à six centimètres, parfois dix, et évitent ainsi l'abaissement trop grand de la température autour des bourgeons.

En France, nous n'avons guère de vignes submersibles, à part celles du Midi et celles de la Camargue, et chaque année on submerge les vignes dans des buts nombreux pendant un certain temps.

Un des maîtres de la question, M. Viala recommande dans le cas de gelée des souches, après un hiver assez dur, de regreffer ces souches ou de les recéper. Si c'est seulement les effets de la gelée blanche, on fera une taille en vert et au niveau de l'incision ou à deux yeux.

Nous, nous complétons cette taille par une fûmure plus conséquente, et nous ne reculons pas devant l'emploi du nitrate de soude et des kaïnites.

Ajoutons que dans toutes nos reconstitutions, aussi bien dans l'Allier qu'en Bourgogne, nous avons toujours recherché des cépages à débourrement tardif, et qu'une de nos habitudes bien critiquées par nos voisins, est de tailler très tard, surtout nos vignes des bas-fonds.

Nous avons vu dans certaines régions employer un système qui ne manque pas de prévoyance.

On sème entre les lignes une céréale quelconque, le blé de préférence, en ayant soin de ne semer qu'un espace sur deux, de façon à pouvoir procéder aux soins nécessités par les souches.

Le froment en se développant, s'il a le tort de retarder la floraison de la vigne la sauve en général de toute atteinte de la gelée et aussi empêche que les raisins ne soient desséchés par les vents ou le soleil trop violent.

De plus, dans ces pays du centre où les vignes sont

espacées d'un mètre, le terrain inutilisé serait trop considérable. Avec la culture du blé, on arrive à augmenter les rendements de la terre. Les fumures se répartissent mieux et on obtient ainsi un résultat plus rémunérateur et des vignes et de la culture supplémentaire.

La grêle que nous avons indiquée tout à l'heure fait en tombant des lésions graves, soit aux sarments, soit aux rafles. Les grêlons déchirent les feuilles et abîment le raisin.

On ne connaît aucun moyen sérieux de prévenir la grêle. Les *paragrêles* ne donnent guère ce qu'on attend d'eux pour plusieurs raisons : ils sont trop bas et ne peuvent avoir d'influence sur les nuages qui ne sont pas directement au-dessus de leurs pointes.

Bien souvent nous avons proposé la plantation de peupliers de race très élancée dont le faîte serait muni de paragrêle. Avec un certain nombre de ces arbres de haute venue ainsi armés, on arriverait à neutraliser souvent la plupart des nuages trop chargés d'électricité.

Dans les Concours agricoles où nous sommes allés ces derniers mois, nous avons remarqué que les canons à tir contre la grêle se multipliaient. La France a suivi un mouvement qui, en Italie s'est développé considérablement et qui, de l'avis général, donne des résultats excellents.

Quand nous avons, il y a quelques années, parcouru l'Autriche et la Hongrie, on ne connaissait pas encore ce mode de combattre, ou mieux de prévenir un fléau dont les désastres sont parfois irréparables.

Maintenant, le principe est connu et appliqué : Les

premières expériences tentées en Hongrie avec les canons contre la grêle, datent de l'année 1899, époque à laquelle l'Institut Royal hongrois de météorologie a été chargé d'étudier cette question et de fournir les conseils aux intéressés.

L'Institut a publié les études qui ont été faites à ce sujet et a rédigé des instructions relatives à la manipulation et à l'emploi des instruments de tir contre la grêle.

Dans les localités où les intéressés étaient disposés à appliquer les moyens de défense, on a établi, avec le concours de l'Institut, les lignes de démarcation des champs d'expériences, et on a tracé leurs limites en prenant en considération la fréquence des orages habituels à la contrée. En outre, on a créé des stations de défense sur les vignobles de l'Etat. Les chefs de ces stations sont chargés de rédiger sur les expériences entreprises des rapports qui sont complétés par les renseignements consignés par les particuliers sur les feuilles destinées à cet usage.

Ces rapports servent ensuite de base aux statistiques qui sont publiées chaque année.

Jusqu'ici, on emploie dans les stations d'expérience de l'Etat deux sortes de canons contre la grêle, les canons à tir rapide, système Emmerling, à bombes pyrolites, pouvus d'un tube de 2 mètres de long, et les canons Farkas et Farago, genre mortier, avec tube de 4 mètres de long, qui déterminent l'explosion au moyen d'une mèche. On emploie 180 grammes de poudre par coup.

Pour faciliter l'organisation de la défense, et restreindre les dépenses qui en résultent, des mesures ont été prises pour que les agriculteurs puissent se procurer à bon compte la poudre à gros grain, dont ils ont besoin pour leurs expériences et qui leur est délivrée par les magasins militaires.

Grâce à ces efforts, il y a aujourd'hui 1500 canons contre la grêle en usage dans le pays.

Le principe n'est pas aussi nouveau qu'on le pense. C'est de Jacour, un physicien français, qui, dès 1760, proposait de créer des stations de tir pour lutter contre les orages à grêle.

On a beaucoup développé l'idée dans divers congrès et la pratique s'est généralisée de plus en plus.

Aussi, on trouve des canons à grèle à Saint-Emilion, à Villefranche-du-Rhône, à Denicé et dans plus de cent communes viticoles.

On les dispose en carré à 500 mètres les uns des autres en moyenne, de façon à protéger bien près de 25 hectares à la fois. Pour renfermer les munitions, on improvise une cabane auprès de chaque canon.

Suivant les endroits, on indique par des signaux spéciaux, aux servants de ces canons paragrêle, généralement de vieux artilleurs, quand il faut tirer. Mais le plus souvent, ce sont les préposés aux canons qui surveillent eux-mêmes l'état de l'atmosphère et qui tirent en cas de nécessité.

On estime à environ deux cent cinquante francs, l'installation et l'achat de chaque canon paragrêle. En y comprenant l'assurance, moyennant 10 francs par an, de chaque artilleur contre les accidents, on compte que la dépense annuelle d'un canon arrive en moyenne à 75 francs.

On a fait mieux encore, et nous pensons que le congrès qui aura lieu en novembre à Lyon, nous fournira de nouveaux et utiles renseignements sur les tirs contre la grêle.

Un agriculteur des environs de Toulon, le docteur Vidal, agit plus simplement. Il se sert sans façon de fusées de feux d'artifice. Il y fait seulement ajouter une enveloppe qui permet à la mèche de traverser sans s'éteindre les plus fortes averses.

Il a fait part de ses très curieuses expériences à la *Revue de Viticulture*. Tout le matériel consiste, dans son système, en un seul pieu fiché en terre et muni de deux pitons qui servent de soutien à la tige qui porte la fusée. Chacune de ces fusées contient de 450 à 500 grammes de poudre et s'élève à 400 mètres. Elles reviennent à une quinzaine de francs la douzaine chez les artificiers. Avec un homme, un pieu et douze fusées, on assure largement le fonctionnement d'un poste ; et chaque poste dans les expériences qu'a faites le docteur Vidal, protège 25 hectares, tout autant qu'un canon.

Cette fois, c'est pour rien, surtout quand on songe aux ravages de la grêle. Le Comice agricole du Beaujolais, qui comprend les cantons d'Anse, Beaujeu, Belleville, Bois d'Oingt et Villefranche. les estimait pour sa seule circonscription, en sept ans, de 1886 à 1892, à vingt-deux millions, soit plus de trois millions par an.

Et avant de terminer sur le canon paragrêle, annonçons que le ministre de l'Agriculture, M. Jean Dupuy, a obtenu du Ministre de la Guerre que la poudre, dite de démolition, excellente pour les tirs aux canons contre la grêle, serait mise à la disposition des syndicats au prix de 0,30 le kilogramme.

Voilà qui va encourager les essais et multiplier les expériences.

Contre les vents violents, la mode de procéder est assez simple ; il faut orienter lors de la constitution du vignoble, les lignes de façon que les ceps se préservent mutuellement contre les vents dominants de la contrée.

LA COULURE

Une des conséquences du froid, des vents, de l'humidité ambiante, c'est la coulure si nuisible à l'avenir de la vigne et à la récolte.

Pour prévenir la coulure, il faut d'abord choisir les boutures que l'on voudra employer sur des ceps non coulards, car il y a l'avortement des fleurs, inhérent au cépage. La *chloranthie* qui se produit dans les Gamay et les Herbemonts, est un phénomène qui peut provenir d'une végétation trop vigoureuse. Cette stérilité provient de ce que les étamines et le pistil se sont transformés en feuilles.

Pour combattre la coulure produite par trop de vigueur, on taille longuement, on arque les rameaux et on a recours à l'incision annulaire. On pince les rameaux fructifères, on procède à l'écimage des grappes, on supprime les vrilles et on soufre avant la floraison.

L'incision annulaire est excellente comme résultat : le volume des grappes augmente, la richesse en sucre des raisins s'accroît et on hâte également la maturation.

Le pincement des rameaux fructifères, chacun le sait, est une opération d'une grande simplicité. Il suffit de couper l'extrémité des rameaux avant la floraison.

Le résultat est à retenir. C'est tout d'abord l'accélération de l'épanouissement des fleurs, en même temps que la formation plus rapide des raisins. La sève se trouve arrêtée, les chances de coulure sont évitées et l'équilibre de la végétation s'établit mieux sur la couche.

Pour pratiquer l'incision annulaire, il suffit d'enlever un petit anneau d'écorce de cinq à six millimètres de largeur sur la vigne au-dessous des endroits où s'insère le rameau porteur de raisins.

LE MILLERANDAGE

L'avortement des raisins, connu sous le nom de millerandage, est en général, comme la coulure, le résultat du froid, de l'humidité et de la faiblesse de la végétation.

Un cépage qui n'est pas sur un terrain lui convenant, est plus prédisposé au millerandage ; nous l'avons souvent constaté sur des Pinot ou des Gamay que nous avions trouvés plantés sur des sols qui n'étaient pas favorables à leur développement.

L'ÉCHAUDAGE

L'*Echaudage* abîme les raisins. Il est produit par une réverbération trop grande sur le sol des rayons du soleil.

Si c'est un cas qui se reproduit sur un vignoble, on l'évitera en laissant dorénavant ramper au pied des ceps, sur le terrain, quelques sarments assez feuillus.

Dans les années où l'automne est pluvieux, la pourriture des raisins peut se produire quelques fois. Si cette pourriture est due à l'humidité du sol, on aura soin de pratiquer des rigoles de façon à éviter les stagnations d'eau, on effeuillera avant la vendange, et dans les tailles, on aura soin de former la vigne plus en hauteur.

Dans tous les cas que nous venons de passer en revue, ce ne sont pas, à proprement parler, de maladies qu'il s'agissait, mais bien d'accidents dus aux intempéries.

Nous entrons maintenant dans l'étude des véritables maladies de la vigne, maladies physiologiques, ou maladies provenant de parasites cryptogamiques.

Nous aurons donc à voir la *chlorose*, la *collis*, le *folletage*, le *rougeot*, puis *l'oidïum*, l'*anthracnose*, le *blak-rot*, le *rot blanc*, le *mildiou*, et le *pourridié*.

LA CHLOROSE

On juge qu'une vigne est atteinte de chlorose quand la verdeur du feuillage faiblit, puis passe au vert pâle pour devenir jaune ocre, ou quand les feuilles brunissent des bords au centre et tombent. Les rameaux eux-mêmes s'étiolènt et jaunissent.

La chlorose qui se montre au printemps, est due à l'humidité du sol et à sa difficulté à s'échauffer. Il faut alors draîner et soigner plus particulièrement les souches. Une bonne fûmure n'est pas inutile.

La chlorose la plus commune, celle qui se montre vers le mois de juillet, serait due ou à la sécheresse, quand elle est excessive ou à la présence dans le sol, de carbonate de chaux.

Le seul traitement à recommander c'est à la fois l'arrosage du sol par une solution au centième de sulfate de fer et l'aspersion au pulvérisateur, avec une solution plus forte à 20 0/0 par exemple.

M. Resseguier conseille un badigeonnage au sulfate de fer, des souches des vignes, qu'il faut pratiquer de suite sur les plaies provenant de la taille. Ce traitement est, paraît-il, excellent.

Un autre badigeonnage a été pratiqué devant nous et semble avoir donné d'heureux résultats. On employait pour cinquante litres d'eau, 13 kilos de sulfate de fer et 12 kils. de savon noir. Dissoudre à part le savon noir et le sulfate de fer. On mélange les 2 solutions et on agite fortement. On peut aussi avoir recours à un traitement en déposant de la poudre de sulfate de fer au pied des souches en janvier-février à raison de 500 kilos. à l'hectare, soit envion 500 gr. par souche. Un traitement après la floraison, alors qu'on coupe les bourgeons non fructifères, soit en badigeonnant, soit en pulvérisant, donne de très bons résultats. La vérité, en dehors de ces soins, c'est qu'il faut demander aux pépiniéristes des cépages qui ne jaunissent pas après la greffe, comme le font trop souvent les *Riparia* et les *Rupestris*, les premières années du plant. Pour ces deux espèces, on ne les greffera que dans la quatrième année. On nous a cité comme résistant à la chlorose, même dans les terrains calcaires, un *Calman Rupestris* de M. Millardet et toute une série de *Berlandieris*.

LA COTTIS

La Cottis est heureusement une maladie moins connue de nos vignobles. Nous ne l'avons pour notre part, rencontrée bien caractérisée que dans les vignobles à gros vin de l'Aude et de l'Hérault.

Des viticulteurs nous ont affirmé l'avoir soignée chez eux en Charente-Inférieure où elle pouvait causer la mort des souches en moins de deux ans. Il est vrai d'ajouter que la coulure et le millerandage se mettent toujours de la partie.

C'est donc un cas de misère physiologique de la plante qui tient surtout à la nature du sol, et nous avons eu bien des fois la tentation de déclarer que ce n'était qu'une forme de la chlorose qui s'attache rarement aux cépages blancs.

La caractéristique de cette maladie, c'est une ramification exagérée des rameaux avec taches roussâtres sur la tige et les feuilles qui restent petites, dentelées, plus que de raison. Elles tombent après s'être recroquevillées et avoir pris des teintes ocres, variant du brun au jaune clair.

Comme il semble que l'absence du fer soit la cause initiale de la maladie, on traitera la vigne atteinte de cottis comme celle envahie par la chlorose. On peut, du reste, pour ces deux maladies, semer du sulfate de fer en poudre au pied des souches en janvier, février, dans des proportions variant suivant le plus ou moins de calcaire du sol, de 400 à 2.000 kilos à l'hectare.

LE FOLLETAGE

Le folletage ou apoplexie n'est pas, à proprement parler, une maladie neuve ; déjà au XIIIe siècle, il en était question. Elle apparaît en juillet et août et se traduit par une dessiccation brusque d'une souche ou d'une partie de souche. La vigne prend aussitôt un aspect dépérissant, les feuilles se fanent et tombent et les rameaux se sèchent. D'après M. de St-André, de l'école de Montpellier, le folletage de la vigne serait dû à une transpiration de la plante qui évapore plus d'eau par les feuilles qu'il n'en arrive par les tiges.

Et comme nous avons remarqué que le folletage atteignait le plus souvent les souches greffées laissant indemnes les producteurs directs, nous avons été amenés à croire que le choix des greffons pouvait ne pas présenter une suffisante affinité avec les porte-greffes.

Cette maladie n'épargne aucun cépage, elle est même fréquente sur les greffes d'Aramont sur Riparia et le Grollot et le Terrot en sont atteints souvent. Nous ne voyons malheureusement pas d'autre remède que l'arrachage.

LE ROUGEOT

Une maladie qui, pour nous, offre une assez grande ressemblance avec celle que l'on attribue à la présence de l'*aures bacidium vitis*, est le rougeot qui atteint à la fois les feuilles, les rameaux et les racines. Les feuilles se parcheminent et comme les rameaux rougissent, les raisins se flétrissent. Bientôt, les feuilles se dessèchent et les sarments meurent,

Comme le folletage, cette maladie attaque surtout les vignes situées dans les sols profonds, riches et frais. Il semble que cette maladie se produise surtout pendant les fortes chaleurs, à la suite de vents secs ou après un abaissement de température subit.

Dans la généralité des cas, les ceps ne meurent pas, mais restent affaiblis pendant plusieurs années.

Comme moyen de prévenir cette maladie, nous donnons surtout le conseil de draîner les sols trop frais et quand la vigne a été atteinte du rougeot, de fumer fortement avec adjonction de nitrate de soude ou de kaïnite, afin de redonner une belle végétation au cep. Si le rougeot n'a pas fait périr le sarment, on taillera court. Mais si la souche a été gravement atteinte, il nous paraît utile de greffer.

Bien d'autres maladies devraient être étudiées ici ; mais, comme à la vérité, elles sont de trop peu d'importance, surtout dans un ouvrage qui veut être avant tout pratique, nous passons sous silence, la *gomme* qui ne se produit que lorsque la vigne est malade, la *cuscute,* parasite végétal qui peut, dans certains cas très rares, par exemple dans les vignes mal cultivées, envahir les vignobles.

On note l'*osyris alba* qui peut se montrer sur les racines de la vigne pour y former de petits tubercules, mais c'est en général tellement insignifiant, que nous avons le droit de le passer sous silence. Un simple béchage mettra fin à l'existence de l'*Osyris alba*.

Notons, pour être complet, une maladie qui nous a été signalée en 1894, dans le Beaujolais et qui se traduit par la chûte des feuilles et des grappes en fleur. Cette affection signalée sous le nom de *maladie pectique,* nous paraît due aux brusques variations atmosphériques.

On la combattra comme la plupart des autres maladies de la vigne, par des soins vigilants et un entretien méticuleux de son vignoble.

Nous allons entrer maintenant dans l'étude de maladies dont la gravité n'échappe à personne. Elles sont dues à des cryptogames qui s'attaquent à la vigne et peuvent causer facilement sa mort.

L'OIDIUM

Ces parasites végétaux sont nombreux. Le plus terrible est l'oïdium. Elle est causée par le champignon appelé *erysiphe tuckeri*. C'est le jardinier anglais Tucker qui le signala le premier en 1845, dans les serres à raisins de Margate. En six ans, cette maladie arrivait à contaminer toutes les vignes d'Europe.

On reconnaît facilement l'oïdium à des efflorescences grisâtres et ternes qui se montrent sous tous les organes verts. Il semblerait qu'on ait mis une poudre grasse, blanche ou grise, dont l'odeur est celle du moisi.

De larges plaques de cette poudre se révèlent surtout du côté des rayons solaires, et c'est depuis avril jusqu'en septembre que cette maladie naît et se développe,

Les vignes atteintes de l'oïdium, aoûtent difficilement, les feuilles fonctionnant d'une façon incomplète, les raisins se rident et tombent ou éclatent et se durcissent; en général, la peau brunit sous les plaques blanches et devient coriace, les grains, si la sécheresse est trop grande, se dessèchent, ou, pourrissent si le temps est humide.

L'oïdium naît généralement au-dessous de 15°, mais dès qu'il est apparent, il se développe facilement entre 20 et 25°. Au-dessus il s'arrête, et si des journées très chaudes se succèdent, il peut disparaître. A 45° on est presque persuadé de voir mourir l'oïdium. Mais, hélas, c'est insuffisant comme espoir et il faut recourir à un traitement que nous allons indiquer plus amplement.

Ce traitement est extérieur et doit être pratiqué régulièrement et d'une façon suivie, car l'oïdium recouvre des filaments de son mycélium, les tissus de la vigne sans y pénétrer ; ces filaments sont munis de suçoirs qui prennent dans les cellules de la plante, la nourriture nécessaire à ce parasite cryptogame.

Sur ces filaments du mycélium, se trouvent les filaments fructifères d'où naissent les conidies qui serviront à étendre la maladie en donnant naissance, sous l'influence de la température, à de nouveaux myceliums.

Nous n'étonnerons aucun viticulteur en affirmant que l'oïdium s'attaque de préférence aux vignes les plus fines.

Le seul remède efficace connu à l'heure actuelle, contre l'oïdium, est le soufre à l'état de fleur ou de poussière impalpable à l'état de sulfure alcalin (tri et pente de sulfure de potasse, de soude, de chaux dissous dans 1000 fois son poids d'eau).

Le soufre en poussière impalpable répandu sur les organes de la plante, s'oxyde au contact de l'air et sous l'action du soleil, donnant naissance à des vapeurs d'acide sulfureux qui tirent d'autant mieux l'oïdium que nous avons montré qu'il était superficiel à la plante. Mais comme les suçoirs ont pu jeter des bases, et que l'oïdium pourrait se développer à nouveau, on donnera de nouveaux soufrages de 20 à 25 jours après le premier traitement.

Nous ne cacherons pas que nous sommes d'autant plus partisans de l'emploi du soufre, que cet élément a l'avantage de donner à la vigne comme une vigueur nouvelle et si on l'applique pendant la floraison, on a des chances de prévenir la coulure.

En général, on doit faire plusieurs soufrages dans l'année : le premier quand les sarments ont 15 centimètres de long; le deuxième à la floraison et le troisième à la véraison.

Le soufre ne fait sentir son action que pendant une vingtaine de jours, c'est ce qui explique que l'on doive donner plusieurs traitements dans l'année. La dose doit être de 20 à 25 kilogs par hectare pour chaque soufrage. On fera l'application à l'aide de soufflets spéciaux, basés sur le même système que les soufflets que l'on emploie pour répandre les poudres insecticides dans les appartements; il n'y a que la grandeur qui diffère.

On devra appliquer le soufre par un temps sec, chaud et calme. On peut user de préférence du soufre sublimé ou trituré, après la disparition de la rosée, répétons-le.

Plusieurs instruments spéciaux ont été employés dans le soufrage de la vigne. Il y a le soufflet de M. Gontiers, horticulteur à Montrouge, celui de M. Lavergne, un autre de M. Malbeck, il y a une boîte à soufrer qui ressemble à un vaste poivrier, puis un sablier avec houppe, enfin, la hotte à saupoudrer de M. Pinsard.

Notons encore la soufreuce poudreuse, la Torpille de M. Vermorel qui a même innové en cet ordre d'idées, en créant un appareil à traction pour les plus grands vignobles.

Dans certains pays du Nord, on se sert d'eaux sulfureuses, lancées à l'aide de pulvérisateurs ou de pompes de jardin, elles ont produit des résultats excellents, et il suffit de 10 kilogs de sulfure de potassium dissous dans 100 hectolitres d'eau pour préserver un hectare. Il ressort que l'emploi du soufre qui, pour avoir toutes les chances de parfaite réussite, doit être choisi, trituré et pouvoir passer au tamis 100.

Nous devons dire pourtant qu'il faut toujours se rabattre sur l'emploi des poussières de soufre. Nous avons assisté à des expériences qui consistent à pulvériser d'abord de l'eau pure sur les vignes, en même temps que l'on saupoudre ces mêmes vignes d'une poudre très fine de carbure de calcium.

Pour nous, nous préférons l'emploi du soufre en poudre dont nous connaissons maintenant beaucoup mieux le maniement et les résultats.

On aura soin de ne pas faire de soufrage trop tardivement, de façon qu'il y ait au moins un mois entre le dernier traitement et la vendange, le vin pouvant emporter un léger goût de soufre et une teinte par trop foncée. Ajoutons que cette couleur et cette saveur disparaîssent des vins au bout d'un an ou deux.

Comme nul vigneron ne peut prévoir si l'oïdium visitera sa vigne, on a pris l'habitude, en viticulture courante, de procéder à des traitements préventifs. Le vignoble ne peut qu'y gagner et le danger de propagation de la maladie est plus facilement évité.

L'ANTHRACNOSE

L'Anthracnose, appelé aussi charbon, rouille noire et picoutat, est une maladie due à la présence d'un champignon, le *sphaceloma ampelium*, d'après les uns, le *glœosphorium ampelophagum*, d'après les autres. Ce champignon apparait nettement lorsqu'on examine les feuilles, sous forme de filaments qui portent des spores destinées à la reproduction. La germination de ces spores se fait facilement dès qu'ils sont sur une feuille, elle a généralement lieu dans les gouttelettes d'eau et ils donnent naissance à un mycélium qui pénètrera les tissus en les altérant.

L'Anthracnose se produit sous 3 formes : l'Anthracnose ponctuée, l'Anthracnose maculée et l'Anthracnose déformante.

L'Anthracnose maculée est la plus grave, elle cause de grand ravages en attaquant fleurs, feuilles, raisins et rameaux, elle forme des chancres plus ou moins profonds sur les sarments qui restent grèles et arrivent à se casser aisément. L'aôutement ne peut plus s'opérer, le cep prend alors un aspect buissonnant et noircit comme si le feu avait passé par là.

La flèche, les pédoncules et les pédicelles sont rongées, le grain est vivement couvert de points noirs, il se dessèche et tombe avec rapidité, quand les grains ne sont pas tombés à la véraison, ils se dessèchent.

L'Anthracnose maculée est plus directement due au champignon que l'on a désigné sous le nom de sphaceloma ampelium. Si on examine un cep attaqué par l'anthracnose, on remarque comme un gaufrement du parenchyme des feuilles. Nous croyons que cette maladie se propage plus facilement dans les vignobles humides, dans les milieux bas, dans les sous-sols peu perméables et la forme dite maculée est justement celle qui règne où préside l'humidité. Les Jacquez, les Cinsaut, les Alicante-Bouschet, l'Œillade, le Muscat, le Portugais bleu, le Caux, le Solonis, le Rupestris, le Riparia, sont les Cépages les plus attaqués.

Le traitement indiqué consiste à badigeonner les souches et bourgeons 8 à 15 jours avant le débourrage, les ceps, les coursons et les longs bois avec une solution composée de 50 kilogs de sulfate de fer sur lesquels on verse lentement un litre d'acide sulfurique à 55° que l'on noie dans 100 litres d'eau bouillante. Le pinceau est formé d'un chiffon attaché au bout d'un bâton ou d'une lavette spéciale. On appliquera la solution chaude encore. On pourra utiliser un pulvérisateur spécial plombé intérieurement, afin de résister à l'acide sulfurique, et on procédera à des pulvérisations au lieu d'avoir à badigeonner.

M. Magen a improvisé un pulvérisateur à brosse qui se porte à dos et qui tient la brosse toujours imbibée et permettant de la passer rapidement sur les ceps. Que les vignerons ne s'étonnent pas de voir leurs ceps devenir noirs après le traitement qui retarde le débourrement une quinzaine de jours : c'est l'effet de l'acide sulfurique et du sulfate de fer réunis.

Sous ce traitement, la vigne prendra plus de vigueur et le retard de la végétation sera largement compensé par la sécurité où l'on sera de voir les ceps éviter plus facilement les gelées. Quelquefois on procède à un deuxième traitement qui peut être fait une quinzaine de jours après le précédent.

Quand la maladie s'est affirmée, on pulvérisera sur la plante un mélange de chaux blutée et de soufre sublimé. Ce traitement devra avoir lieu dès l'apparition des lésions et on le répétera tous les dix jours, 2 ou 3 fois.

Le traitement préventif peut revenir à 2 francs sans compter la journée d'homme, par hectare. Pour ce traitement, on emploiera 2/5 de chaux blutée et 3/5 de soufre trituré ; mais rappelons-le, il est de beaucoup préférable de procéder au traitement préventif qui a de plus, l'heureux résultat de préserver les vignes de la gelée.

De plus, nous croyons devoir conseiller aux vignerons d'une même commune, d'opérer simultanément le traitement de leurs vignes, de façon à détruire ensemble les spores qui pourraient influer les unes sur les autres.

LES ROTS

Le rot blanc est dû au *coniothyrium diplodiella*, il s'attaque surtout au grain qu'il dessèche rapidement. A la surface des grains, se montre comme une sorte de pustule grise, les sarments eux-mêmes en sont parfois atteints.

Il semblerait que ce soit le grenache qui souffre le plus de cette maladie américaine d'origine.

Nous ne parlerons pas du rot brun, du rot amer ni du rot gris qui sont heureusement assez rares en France et qui ne sont que des formes du mildiou, dont nous parlerons tout à l'heure, le traitement de cette dernière et terrible maladie pouvant s'appliquer à tous les rots.

Avant d'entrer dans l'étude du mildiou, arrêtons-nous un peu sur le black-rot dû à un champignon, le *guignardia Bidwellii.*

Cette maladie, appelée également rot noir et rot sec, a fait des ravages considérables en Amérique, mais ce n'est qu'en 1885 que MM. Ocala et Ravaz nous l'ont signalée dans l'Hérault. Depuis lors, elle a pris dans la statistique des dévastations viticoles, une part hélas trop grande.

C'est en mai qu'apparaissent d'abord sur les feuilles de petites taches couleur feuille morte parsemées de pustules noirâtres proéminente. Pendant 8 à 10 jours, la maladie se développe tranquillement et gagne peu à peu, affaiblissant la plante. Sur les raisins, les pustules ne tardent pas à apparaître aussi, et des taches rouges circulaires se forment, recouvertes par les fructifications d'un mycélium cryptogamique qui ne nous paraît pas être le même que celui des feuilles. D'après M. Viala, il s'agirait ici du *Phoma uvicola* qui ne tarde pas à rider, noircir et dessécher les grains, anéantissant ainsi l'espoir de récolte ; d'après M. Coudert, la Blanquette du Lot-et-Garonne, le Tannat de Maderan, le Canut de l'Aveyron, le Viognier de la Drôme, le Saint-Laurent précoce, la Mondeuse, le Malvoisie, la Petite Syrah, le Jurançon noir, certains hybrides Couder, certains hybrides Castrels, l'Alicante Rupestris terras numéro 20 seraient très résistants et presque indemnes. Comme certaines maladies déjà nommées, le black-rot se développe plus facilement dans les endroits bas et humides, ce qui vient confirmer une fois de plus notre théorie : que la vigne doit être plantée en coteaux dans les terrains calcaires et sablonneux.

Cette maladie, comme en général toutes celles de la vigne, doit se traiter préventivement. Ce traitement consiste dans l'application d'une bouillie préparée avec 2 kilogs de sulfate de cuivre, 1 kilog de chaux grasse et 100 litres d'eau, on peut aussi employer du verdet à 1 0/0. Le traitement doit être fait comme suit : Le premier aura lieu quand les bourgeons auront 15 cent. de long, le second, immédiatement avant la fleur : le troisième, aussitôt après la fleur, enfin le quatrième doit être appliqué alors que les grains sont au 2/3 de leur développement. Nous conseillons, même aux propriétaires de vignobles généralement non atteints, de faire un traitement supplémentaire.

LE MILDIOU

En voulant combattre le phylloxéra par l'importation de vignes américaines, nous introduisîmes en France, des plants qui, en 1878, nous révélèrent cette maladie yankee par excellence, le mildiou.

Si la vigne n'en meurt pas immédiatement, la récolte est fort atteinte et les vins qu'on obtient sont à la fois pauvres en alcool et en couleur, l'aoûtement se fait difficilement et la maturation des grains est presque impossible. Il en ressort que les dommages causés par le mildiou sont très importants et le propriétaire de vignobles ne doit pas se refuser à faire les sacrifices nécessaires en temps opportun, s'il veut empêcher que ces dégats ne se produisent.

Le mildiou est dû au *plasma paraviticola.* Il vit sur les organes verts de la vigne, ne se montrant ni sur les bois aoutés ni sur les raisins vérés. Il apparaît surtout sur les feuilles par des efflorescences blanches à la face inférieure, ressemblant à du sucre pulvérisé, De l'autre côté, à la face supérieure, on voit des taches jaunes qui blanchissent de plus en plus. Bientôt le parenchyme prend une teinte de feuille morte, La feuille tombe, laissant les raisins exposés au soleil qui les grille aisément.

Remarque particulière, la feuille, sous l'influence de ce champignon, que M. de Bary nomme lui, le *peronospora viticola*, ne se gaufre jamais. Le mildiou se développe très facilement par un temps chaud humide. Si nous voulions entrer dans l'étude botanique et physiologique de ce cryptogame, nous dépasserions de beaucoup le cadre de cet ouvrage pratique. Nous arriverons donc tout de suite au traitement.

Ce traitement se fait à la bouillie bordelaise dont la

découverte est due à une précaution qu'avaient pris les vignerons de la Gironde, d'asperger les bords de leurs vginobles d'un mélange de sulfure de cuivre et de chaux, afin d'empêcher les maraudeurs de goûter avec indiscrétion à leurs raisins. Ils remarquèrent dès que le mildiou eut commencé ses ravages, que les ceps ainsi aspergés, résistaient à la maladie ou n'en étaient pas atteints.

Dans d'autres pays, la valeur des préparations cupriques fut découverte par l'emploi des échalas sulfatés qui semblaient préserver en quelque sorte les vignes qui y étaient accotées.

Nombreuses sont les formules pour les traitements, donnons-en quelques-unes le plus rapidement possible :

Bouillie Bordelaise. — Faire dissoudre 2 kilogs de cuivre dans 10 litres d'eau chaude ; éteindre d'autre part, 1 kilog. 1/2 de chaux vive et verser la chaux dans la solution de sulfate, avoir bien soin de ne pas faire l'inverse.

Autre formule

Sulfate de cuivre.....	8 kilog.
Chaux vive.........	15 »
Eau.................	137 litres.
Verdet gris ou neutre.	1 kil. par litre d'eau.

Bouillie au carbonate

Sulfate de cuivre 2 kilog.
Carbonate de soude 2 »
par hectolitre d'eau.

Faire dissoudre carbonate et sulfate séparément et mélanger les deux solutions.

Vermorel a inventé une bouillie éclair qu'il vend en paquets dosés pour un hect. et qui contient un minimum de 700 gr. d'acétate de cuivre pur pulvérisé.

On compte que le traitement par hectolitre, en admettant qu'on emploie 300 litres de bouillie, peut revenir à environ 8 fr. 80. M. Michel Perret, pour augmenter l'adhérence, introduit dans la bouillie bordelaise ou bourguignonne, 2 litres de mélasse diluée dans 10 litres d'eau, que l'on ajoute au mélange.

M. Bosson conseille l'emploi d'une bouillie conforme aux précédentes formules dans laquelle on aurait ajouté du soufre, de façon à combattre en même temps l'oïdium et quelques-unes des maladies dont nous venons de parler. Il dilue 1 kilog. de poudre de soufre et il verse le tout dans la solution cuprique.

M. Lavergne a donné une autre formule ainsi conçue :

Eau............	100 litres.	
Sulfate de cuivre.	1 kilog.	500.
Savon Lavergne..	1 »	500.

Cette bouillie possède comme qualités, une adhérence plus complète que celles précitées.

M. J. Perraud nous a donné une formule de bouillie à la colophane :

Eau...............	100.
Carbonate de soude.	25.
Colophane.........	25.

On mélange le carbonate de soude à l'eau et on met par petites portions, dans cette lessive en ébullition, la colophane réduite en poussière. On agite le mélange, on fait dissoudre dans 80 litres d'eau le sulfate de cuivre qu'on veut employer, on dilue dans 10 litres d'eau la quantité de colophane nécessaire, préparée comme nous l'avons dit, on verse cette solution dans la première. On verse ensuite une solution de carbonate de soude jusqu'à neutralisation. En somme, M. Perraud conseille l'emploi de 500 grammes de colophane par hectolitre de bouillie.

Le Docteur Cazeneuve offre 2 formules à l'albumine :

1°	Sulfate de cuivre...	2 kilogs.
	Chaux vive.........	1 »
	Blanc d'œuf.......	100 grammes.
2°	Sulfate de cuivre...	2 kilogs.
	Chaux vive.........	1 »
	Sang desséché.....	100 grammes.

On dissout le sulfate de cuivre dans 70 litres d'eau, la chaux vive étant délayée dans 20 litres et le blanc d'œuf dans 10 litres d'eau. On verse le lait de chaux sur la solution de sulfate de cuivre et quand le mélange est bien fait, on ajoute la dissolution de blanc d'œuf.

Nous n'attachons du reste, aucune importance réelle à ces formules qui ne semblent pas être employées dans la pratique.

Mais, si nous voulions donner toutes les formules proposées telles que les bouillies mercurielle, cuprique simple, à la potasse, à la soude, bordelaise à l'huile de lin, au cadmium, à la gélatine, à l'eau céleste, au vert de gris, à l'ammoniure de cuivre, au sulfostéarique cuprique, les poudres skwinski, nous n'en finirions.

Disons que ce qui paraît être encore le plus pratique, est l'emploi des bouillies bordelaises et bourguignonnes et des verdets gris. On devra toujours faire trois traitements, que l'on emploie des bouillies ou du verdet. Le premier avec 300 litres par hectolitre, les autres avec 5 ou 600 litres. On se servira de pulvérisateurs et les traitements variables comme époque, en raison des circonstances climatériques, pourront avoir lieu le premier avant le 10 mai, dans le Midi, et avant le 1er juin dans le Nord, en ayant soin de tenir compte de l'état de la vigne. Le deuxième traitement aura lieu trois semaines après le premier, le troisième, 6 semaines après le deuxième, en prenant garde que le dernier traitement précède d'au moins quinze jours la vendange.

Pour le traitement contre le mildiou et les rots, des appareils à pulvérisations liquides assez nombreux ont été inventés : il y en a à dos d'homme, à traction et à grand travail. M. Vermorel, à cet égard, a construit deux appareils qui semblent être les meilleurs du genre ; d'autres maisons, comme Bénard et fils, nous semblent avoir réalisé aussi d'heureux instruments ; il y a aussi un appareil Albraud, connu sous le nom de régénérateur Albrand. Nous n'entrerons pas dans le détail des becs Riley et Ravenau, ni du mécanisme des appareils que nous venons de citer.

Il est certain que les traitements bien appliqués sont tout à fait efficaces contre le mildiou et que cette médication préventive a sauvé plus d'un vignoble des désastres qui se sont abattus sur d'autres bien moins soignés.

LE POURRIDIÉ

Le pourridié est une maladie européenne. C'est une pourriture des racines, due à des champignons, le *dematophora necatrix* et *l'agaricus melleus ;* notons également le *rœsleria hypogœa.* Cette maladie se développe dans les sols humides et imperméables et elle cause un affaiblissement caractéristique de la vigne dont les feuilles se rapetissent. Les rameaux se rabougrissent et la souche prend la forme d'une tête de choux.

Quand la maladie a produit son effet, le cep s'arrache facilement et on peut se rendre compte que les racines sont pourries et saturées d'eau. Ajoutons que le *dematophora necatrix* et *l'agaricus melleus* ne sont pas des parasites cryptogames particuliers à la vigne, que le premier cause le blanchissement des arbres fruitiers et que le second se trouve sur les racines des châtaigniers.

des épicéas, aulnes, figuiers et mûriers. C'est même dans la plupart des cas, des racines de ces arbres qu'il passe sur celles de la vigne.

N'importe quel traitement nous semble des plus aléatoires. L'emploi du sulfate de fer et du sulfure de calcium qui ont été proposés, ne semble pas devoir rendre les services que les innovateurs laissaient espérer. Nous ne voyons d'autre moyen d'empêcher la propagation de ces cryptogames que d'arracher immédiatement tous les plants atteints avec leurs racines et de drainer le sol. Si on a arraché tout son vignoble avec l'idée d'y replanter plus tard de la vigne, on laissera le terrain en jachère plusieurs années en recourant à des labours et si on veut à un sulfatage, à raison de 500 kilogs à l'hectare.

Mais notre France contient assez de bons terrains pour que nous ne soyons pas obligés d'employer des sols qui offrent peu de sécurité à la vigne. En tous cas, l'arrosage avec du sulfure de carbone, l'apport de nombreux terrains de route ou de terre arable, provenant d'autres champs de composition différente, des fumures bien senties constitueront avec l'aération du sol, que nous venons d'indiquer, les moyens de mettre en état les champs que l'on veut réserver au vignoble.

Nous aurions, à propos des cryptogames qui s'attaquent à la vigne, à parler d'un certain parasite dont les ravages sont heureusement relativement infimes. L'an dernier, dans l'Hérault, on nous a signalé la *Maladie rouge* qui s'attaque d'abord aux feuilles. Celles-ci tournent alors au rouge, se repliant et se desséchant pour tomber. Les souches atteintes se rabougrissent et finissent par mourir. On attribue cette maladie au mycélium de l'*aureobacidium vitis*.

Le mal noir, *gommose* ou *aubernage* est dû à une bactérie qui se développe dans les tissus et qui arrête la végétation des bourgeons. Les *cladosporium ræsleri* et *viticolum* ainsi que le *septo cylindrium decelium* et le *septosporum fuckelii* sont des champignons qui se développent sous l'action d'une humidité par trop exagérée et de la chaleur. Les dégats sont heureusement insignifiants.

La *brunissure*, la *maladie de Californie*, la *maladie du coup de pouce*, la *fumagine*, due au *fumago vagans* ou au *fumago oleæ*, la *maladie d'Oléron* et les cryptogames : *Psathyrella ampelina*. le *phoma baccæ*, le *phoma flaccida*, le *phoma reniformis*, le *phoma negriana*, le *dyslodia viticola*, le *spicularia icterus* le *tubercularia acinorum*, le *turberculuria sarmentorum*. le *pestalozzia viticola*, le *rhytisma monogramme*, le *sclerotinia fuckeliana*, le *phyllosticta vitis*, le *fusarium zavaricum*, sont autant d'affections qui peuvent être combattues avec succès, dans la plupart des cas, par les traitements cupriques ou sulfureux que l'on applique aux vignes. Le drainage, les fumures et l'aération du sol, constituent également d'excellents moyens préventifs contre la propagation de ces maladies cryptogamiques. On ne saurait trop le répéter, la vigne est, à l'heure actuelle, une des cultures qui exigent, pour arriver à donner un résultat rémunérateur, les soins les plus méticuleux et la prévoyance la plus grande.

Maintenant que nous avons traité la question des parasites végétaux, jetons un coup d'œil sur les ennemis appartenant au règne animal qui viennent apporter le concours de leurs dévastations aux dégats, que, chaque année, ont à déplorer nos courageux et persévérants vignerons.

Le nombre des animaux qui aiment la vigne et qui rongent ses feuilles et ses plants, nous entraînerait à de trop longs développements s'il fallait les étudier les uns et les autres.

A notre époque, les sangliers, renards, blaireaux ne sont plus à craindre autant qu'autrefois. Contre le chien et les bestiaux, la chèvre et même contre les enfants, nous avons su, de plus en plus, enclore les propriétés ; si bien que nous ne nous inquiéterons pas des dégats qui relèvent maintenant du juge de paix. Ajoutons de plus que les soufrages et sulfatages éloignent désormais les gourmands, qu'ils soient de race humaine ou de race animale.

Devons-nous nous arrêter sur les oiseaux qui, tout comme les hommes, ont voué aux raisins un goût particulier. La fauvette et le loriot, la grive, l'étourneau, le merle et le moineau lui-même, ce pierrot effronté et bavard s'attaquent assez facilement à nos vignes, alors que les raisins jettent leurs clartés dorées, que le vert sombre des feuilles et le rubis foncé des raisins rouges et noirs attirent tous ces gourmets, friands du fruit qu'autrefois Noé goûta plus que de raison.

Nous n'engagerons pas à combattre les oiseaux, s'ils causent quelques dégâts, ils nous apportent un précieux concours en détruisant les insectes qui font de grands ravages dans nos vignes; du reste, en ce qui concerne les grives, le problème est déjà résolu, puisqu'on les sert le plus souvent sur nos tables.

L'escargot et la limace viennent cacher leurs œufs dans nos vignes avec beaucoup de soin. Ces œufs éclosent au printemps et commenceront à donner à leur tour des escargots qui attaqueront les jeunes pousses, causant ainsi des dommages réels. La gastronomie a trouvé le moyen de combattre merveilleusement les envahisseurs : elle nous en prépare des plats qui sont réputés sous le nom d'escargots de Bourgogne. Il suffira de débarrasser sa vigne de toutes les broussailles qui donnent asile aux escargots et d'écraser ceux-ci chaque fois qu'on les rencontrera, pour ne plus avoir à s'en plaindre.

L'ALTISE

Dans les vignobles méridionaux, une petite bête appelée suivant les endroits, le barbeau, la pucerotte, le ticket, ou la puce de vigne, que nous appelons, nous, plus scientifiquement l'*altica ampelophaga*, vient s'efforcer de dévaster les vignes en s'attaquant aux feuilles. Ce petit coléoptère qui ne mesure pas la moitié d'un millimètre et dont la larve mesure moins d'un millimètre, par le dégarnissement des ceps de leurs feuilles arrive à arrêter la maturité du raisin. C'est en Algérie et en Tunisie un véritable fléau. On trouve l'altise dans les endroits secs et humides. Le Morastel fleuri l'Alicante et l'Aramon, par les printemps pluvieux, offrent à cet insecte, une nourriture très recherchée.

Pour combattre ce petit dévastateur, on retient que les insectes parfaits se plaisent dans les broussailles et dans les murs de pierres sèches, aussi les vignerons établissent des broussailles artificielles, afin que les altises puissent s'y réfugier après les vendanges. A la fin de l'hiver, on brûle les plantes et les insectes avec elles.

Un autre moyen de destruction consiste à secouer sur le sac à entonnoir les pampres du cep de très bonne heure, le matin, de façon que les altises encore engourdies tombent. Pour les larves, on les cueillera sur les feuilles et la meilleure manière d'opérer c'est encore, après la vendange, de faire passer poules, dindons et canards, qui les chassent avec énergie.

On peut procéder à des pulvérisations avec la poudre de pyrêtre, dans la proportion de 1 kil. 500 pour 100 litres d'eau dans laquelle on aura dilué 3 kil. de savon.

Avant la floraison, des pulvérisations arséniatées, composées de 100 litres d'eau.

75 gr. d'arséniate de soude.

250 gr. de dextrine, donneront d'assez bons résultats.

Si on veut suivre le système Pasteur, on tâchera de se procurer le *sporotrichum globuriferum*, champignon parasite qui infeste rapidement les altises et les tue.

Pour être complet, disons que le *zigronia cœrulea*, un hémiptère de la famille des pentatomides qui suce le sang de la larve ou de l'insecte, nous aide à combattre l'altise.

LES CHARANÇONS

Les charançons de la vigne qui sont connus sous le nom d'*otrochanchus eperithelus*, peuvent causer quelques dégâts en s'attaquant aux feuilles et aux jeunes pampres. Le charançon satin vert *rynchites bacchus*, désigné aussi sous les noms de bec mare, de hubert, de bèche, de urebec et de lisette, est un petit coléoptère d'un vert brillant, quelque fois bleu, long de 7 millimètres. Dans cette famille on trouve aussi le cigareur ou cigarier, l'attelabe (*rynchites rubens*).

Pour les combattre, on chasse à l'entonnoir sac, pendant la nuit, en secouant les ceps et arrosant le sol, pour tuer les larves avec du sulfure de carbone ; pour les *rynchites betuleti*, on a soin de cueillir les feuilles que cet insecte a roulées en forme de cigares et de les brûler.

La *chrypsomele rouge* à corselet noir, est accusée de dégâts qui ne lui incombent pas la plupart du temps.

LES HANNETONS

Le hanneton commun, *melolontha vulgaris*, le hanneton vert, *anomala vitis*, le hanneton bronzé, *anomala ænea*, doivent être attaqués en février, pendant que les larves sont dans la profondeur du sol. On peut mettre 200 kilogs de sulfure de carbone à l'hectare, et on a bien des chances de faire d'une pierre deux coups, de soigner sa vigne contre d'autres maladies en même temps qu'on fera périr nombre d'insectes et de larves.

On pourrait procéder le jour à la destruction des hannetons dans les cas où les insectes parfaits se cacheraient sous les feuilles. Pour cette chasse, les intéressés pourront faire la cueillette à l'aide de l'entonnoir sac.

En dehors du sulfure de carbone, on peut encore répandre de la naphtaline en faisant un labour de 15 centimètres de profondeur; mais il nous semble que le prix du traitement deviendrait trop onéreux.

PHILLOXERA VASTATRIX

Au congrès international de viticulture, en 1900, M. Foex, inspecteur général de la viticulture, s'est exprimé ainsi:

« Aujourd'hui, tout près de deux millions d'hectares situés dans cinquante-quatre départements, sont atteints en France, et de nos grands vignobles il n'en reste plus qu'un qui soit encore indemne.

» Pour se faire une idée de l'importance du désastre éprouvé par notre viticulture, on remarquera qu'en estimant seulement à 2.500 fr. par hectare l'excédent que la vigne donne au sol, c'est un capital de cinq milliards qui a été détruit, sans tenir compte, dans certains cas, de la perte à peu près totale de la valeur du fonds lui-même, dans le cas où la vigne était la seule culture possible. D'autre part, notre récolte de vin, qui s'était élevée jusqu'à 83.800.000 hectolitres en 1875, descendait rapidement en 1879 à 25.770.000 hectolitres pour arriver en 1889, après diverses oscillations, au minimum de 23.200.000 hectrlitres. Pendant ce temps, le chiffre de nos importations en vins étrangers allait en augmentant et passait de 126.000 qu'il atteignait en 1870 à 2.900.000 en 1880, 8.980.000 en 1883 12.280.000 en 1887 et 12.670.000 en 1891. Enfin la consommation de l'alcool allait en augmentant au fur et à mesure que celle du vin baissait : de 755.000 hectolitres qu'elle représentait en 1870, elle arrivait à 1.313.000 hectolitres en 1880 et atteignait en 1893, 1.735.000 hectolitres, doublant et au delà en vingt-trois ans. Pendant cette époque, les hygiénistes et les criminalistes signalaient l'accroissement rapide de l'alcoolisme et de ses effets désastreux ».

Notre éminent collègue des jurys des concours régionaux, M. Convert, professeur d'économie rurale, à l'Institut national agronomique disait à ce propos dans la *Revue de viticulture* :

« Des ravages semblables à ceux qu'a exercés le phylloxéra sont sans exemple dans l'histoire de l'agriculture : ils nous ont coûté presque autant que l'indemnité de guerre que nous avons dû payer à l'Allemagne après 1870. Et encore, après que la charge de notre rançon a été répartie entre tous les contribuables et rejetée dans une certaine proportion sur l'avenir, la ruine de nos vignobles n'a frappé que nos viticulteurs qui ont vu disparaître leur fortune sans pouvoir rien faire pour alléger leur situation. Le capital vignoble était un capital éminemment productif. Son effondrement s'est traduit par un amoindrissement considérable d'une de nos principales sources de richesse. Le déficit en nature a été de 20 à 25 millions d'hectolitres, Il représentait 300, 400, 500 millions peut-être en argent qui se divisaient vraisemblablement par moitié entre les propriétaires et les ouvriers agricoles».

Le philloxera qui. en France, s'attaque surtout aux racines de nos vignes indigènes, est un ennemi difficile à combattre.

D'un millimètre de longueur au maximun, lors de son complet développement, d'une couleur jaune ou verdâtre, il est visible à l'œil nu, armé d'un suçoir qu'il enfonce dans la plante pour se nourrir de la sève; c'est sans conteste le plus terrible destructeur de la vigne.

Comme le phylloxera se cantonne de préférence sur les racines et radicelles, sous terre, il est très difficile à atteindre. La lutte est plus facile contre ses œufs d'hiver qui sont placés sur le cep, sur les écorces exfoliées.

Dès 1878, dans sa séance du 17 janvier, la commission du phylloxera, instituée par l'Académie des Sciences, arrêtait les termes d'une instruction pratique sur les moyens à employer pour combattre le phylloxera. On y lisait:

« La Commission considère le phylloxera comme la cause de la maladie de la vigne.

Elle s'est proposé comme but précis, la conservation des vignes françaises ; leurs principaux types étant les produits d'une pratique séculaire, il importait surtout de les sauver.

» Ses études ont été conduites dans l'esprit de la méthode scientifique ; c'est à la pratique à s'approprier maintenant les résultats obtenus, en les adaptant à ses besoins.

Le phylloxera peut être combattu, soit en l'attaquant sur les racines quand il y est établi, soit, pour prévenir ses invasions souterraines, en détruisant les œufs déposés sur les ceps par les insectes ailés, et en particulier l'œuf d'hiver. »

Donnons d'abord rapidement les traitements quand il s'agit de combattre l'envahissement des racines.

Au moment de faire les boutures, suivre le conseil de MM. Couanon et Salomon et tremper les plants avant la mise en stratification, pendant 10 minutes, dans de l'eau chauffée à 50°.

Ce traitement ne nuit pas à la reprise des boutures et débarrasse radicalement les plants de phylloxeras.

Quand on a affaire à des terrains perméables, profonds et s'égouttant bien, on traite avec le sulfure de carbone et on a des chances de réussir. Si, au contraire, les terrains sont peu profonds et très humides, le succès devient très aléatoire.

Les traitements au sulfure de carbone doivent être faits, pour la majeure partie des vignes, tous les ans, d'octobre à novembre. Dans nos vignes du Centre, nous procédions de février à avril et pour les quelques vignes très rares dont nous devions nous occuper et qui avaient été plantées sur des sols argileux, nous procédions au traitement en été.

Le traitement se fait à l'aide de pals ou de charrues sulfureuses qui servent à imprégner toutes les parties du sol dans lequel se développent les racines, d'une substance qui puisse débarrasser le végétal de notre terrible adversaire.

On doit traiter les vignes dès qu'elles sont atteintes du phylloxera, sans attendre, car alors le vignoble deviendrait trop malade et le remède pourrait à la fois détruire le phylloxera et les racines de la vigne.

Le sulfure doit être réparti dans le sol à une profondeur variant entre 25 et 30 cent. Et plus on fera de trous avec les pals, plus on aura de chances de réussite. Mieux vaut donner des petites douches de sulfure en des milliers de trous que de faire pénétrer de grandes quantités de sulfure de carbone à la fois. On ne sulfurera pas avant le départ de la végétation, ni pendant les fortes gelées ou pluies dans les terrains humides.

On estime devoir employer 200 à 250 kilogs par hectare à raison de 10 grammes environ par trou. Le pal ne devra pas être enfoncé trop près des plants de façon à ne pas blesser les grandes racines. Nous conseillons de les planter à environ 40 cent. de la souche. Dès que l'injection est terminée, nous bouchons hermétiquement le trou d'un coup de talon de façon à ce que la diffusion des vapeurs du sulfure de carbone puisse efficacement se produire et arriver ainsi à baigner d'une atmosphère insecticide racines et radicelles.

Pour le traitement par le sulfure de carbone, il y a

deux pals qui sont le plus employés, ce sont ceux de MM. Goin et Vermorel. Les charrues sulfureuses, toutes à peu près les mêmes, sont en très grand nombre.

Avec la charrue, la dose que l'on répand à l'hectare est généralement plus élevée que lorsqu'on emploie des pals.

Les traitements au sulfure de carbone ne sont vraiment complets que lorsqu'ils ont comme corollaires de copieuses fumures.

Ils coûtent au minimum de 275 à 400 francs.

Nous ne sommes pas éloignés de conseiller, au lieu de l'emploi du sulfure de carbone, de manipulation souvent dangereuse, en tous cas présentant quelques difficultés et exigeant un matériel d'une certaine valeur, de lui substituer, malgré son prix de revient, le sulfocarbonate de potassium, que l'on emploie dilué dans de l'eau à raison de 300 grammes par hectolitre d'eau. On creuse au pieds de chaque souche une sorte de cuvette et on y verse une assez grande quantité de la solution que nous venons d'indiquer. Cette quantité sera du reste, d'autant plus grande que les pieds sont plus espacés les uns des autres. Dans le sol, il se produit une réaction désirée et prévue : le sulfure de carbone et l'hydrogène sulfuré se dégagent en partie, laissant du carbonate de potasse qui est un excellent engrais. Ce traitement a l'inconvénient d'être cher, il coûte de 3 à 400 francs à l'hectare et de plus, il exige de 120 à 150.000 litres d'eau.

Un des autres traitements dont le succès est en général plus certain, est celui dit de la submersion. Il est très pratiqué dans le midi de la France et dans la Camargue. Il consiste à laisser pendant 50 à 60 jours le vignoble tout entier inondé par une couche d'eau ne dépassant pas 30 centimètres.

Ce traitement réussit surtout pour certains cépages tels que l'Aramon, le petit Bousquet, le Syrah et le Chasselas. Mais on peut dire que la submersion ne nuit à aucun autre, pourtant le Grenache, le Verdot, l'Aspar et le Pinot s'en trouvent un peu affaiblis.

La submersion exige une grande quantité d'eau que l'on estime au minimum à 10.000 mètres cubes par hectare quand le sol est argileux, pour les autres, cette quantité augmente dans des proportions considérables, ce qui fait que le traitement n'est vraiment possible que dans les endroits où l'on peut se procurer de l'eau en grandes quantités, sans beaucoup de frais.

Dans le traitement par la submersion, nous recommandons de diviser le vignoble en planches séparées par de petites digues sur lesquelles les vignerons pourront circuler pour surveiller les ceps et qui empêcheront la formation de vagues qui, sous l'action du vent pourraient se produire et devenir néfastes aux souches.

Tous les traitements que nous venons d'indiquer contre le phylloxera ont en vue la destruction de l'insecte alors qu'il s'attaque aux racines. Nous allons voir maintenant les moyens les plus pratiques de combattre le phylloxéra vastatrix, par la destruction de l'œuf d'hiver.

M. Balbiani, professeur au Collège de France, s'est

appliqué à détruire l'œuf d'hiver au moyen de badigeonnages pratiqués sur le tronc et sur les feuilles.

Sa théorie nous semble excellente en ceci, qu'en empêchant l'apparition de nouvelles pondeuses agames, on finirait par supprimer l'espèce.

Voici la formule qu'il préconise :

Chaux vive............	120 kilogs.
Naphtaline............	60 »
Huiles lourdes.........	20 »
Eau....................	400 »

On verse le mélange de naphtaline et d'huiles lourdes sur la chaux humectée d'eau et on ajoute ensuite de l'eau en brassant vivement, pour compléter la solution.

On doit procéder au badigeonnage immédiatement après la taille, avant que le réveil de la végétation se soit manifesté.

Ce traitement, pour excellent qu'il paraisse et malgré les résultats heureux qu'il a donnés dans certains cas, nous semble insuffisant.

M. Balbiani fixe l'application du badigeonnage de novembre à fin février et il demande qu'il ne soit fait que si les souches sont bien sèches. « Si les vignes sont vieilles, dit-il, et à écorces épaisses, on n'effectuera le badigeonnage qu'après avoir pratiqué un décorticage superficiel. Ce décorticage sera fait une fois pour toutes et n'aura pas à être renouvelé chaque année. Dans le cas de vignes jeunes et à écorces minces, le décorticage ne sera pas nécessaire, il serait même dangereux.

En ce qui concerne les précautions à prendre lors de la taille, il est recommandé de faire ramasser avec le plus grand soin les sarments coupés qui peuvent recéler quelques œufs d'hiver ; on les brûlera sur place, ou si on le préfère, on les emportera loin du vignoble dans un endroit sec et abrité. A ce propos, il est utile de faire connaître que les sarments de taille ne doivent, en aucun cas, être gardés, comme cela arrive trop souvent; à l'air et à l'humidité les œufs peuvent conserver leur vitalité et éclore au printemps, si on ne renferme pas les sarments dans un lieu clos, couvert et non humide. »

La méthode du Dr Balbiani est à ce point insuffisante que tous les savants ont déclaré qu'il fallait surtout envisager la destruction des œufs d'hiver comme un moyen complémentaire des traitements insecticides souterrains.

M. Enneghi déclare que le badigeonnage appliqué préventivement aux vignes indemnes suffit à les préserver de l'invasion phylloxerique si l'on a soin d'empêcher la contamination par les instruments de culture et l'introduction de nouveaux plants non désinfectés dans le vignoble. Il permet la reconstitution du vignoble en cépages indigènes, dans les terrains vierges, ou n'ayant pas contenu de vignes depuis plusieurs années.

De nos expériences personnelles, nous sommes arrivé à tirer les conclusions suivantes : c'est que pour bien combattre le phylloxera en dehors de traitements souterrains, soit au sulfure de carbone, soit au sulfo-carbonate de potassium, il est indispensable de poursuivre la destruction de l'œuf d'hiver. Et, en dépit des affirmations de l'honorable et regretté M. Balbiani, nous affirmons qu'il n'y a vraiment que les huiles lourdes et goudrons de houille qui soient efficaces.

Le fait a été bien prouvé par M. le Dr Perroncito, professeur à l'Université-école de Turin. On a pu constater que, après des immersions d'œufs du ver à soie, pendant un temps variable, dans des solutions plus ou moins concentrées d'ammoniaque liquide, de chaux, de lait de chaux, de chlorure de sodium, de sulfates de cuivre et de fer, de permanganate de potasse, de bichlorure de mercure (sublimé corrosif) d'acides sulfurique, chlorhydrique, azotique, phénique, etc. ces œufs ne furent pas stérilisés et arrivèrent à peu près tous à complète éclosion. Seuls, les œufs immergés dans une solution de 1 à 5 0/0 de Lysol furent complètement stérilisés et aucune éclosion n'eut lieu.

Malheureusement, les huiles lourdes et les goudrons de houille, s'ils sont efficaces contre ces œufs d'hiver, sont aussi nuisibles pour la vigne : ils tuent bien les espoirs de progéniture du phylloxera vastatrix, mais ils font aussi sombrer les espoirs des vignerons. Or d'un travail qui a été fait sur la question et d'essais qui ont été poursuivis sous la surveillance d'un inspecteur général de la viticulture et suivant les constatations d'un fonctionnaire du ministère d'Agriculture d'Autriche-Hongrie, il semble que le liquide rêvé pour la destruction des œufs d'hiver du phylloxera, est à l'heure actuelle, le Lysol.

C'est un produit que l'on tire précisément des huiles lourdes et huiles de houille, il réunit toutes les qualités insecticides de ses parents, sans en avoir les inconvénients. En raison de sa complète solubilité dans l'eau, il ne présente aucun des dangers signalés par M. Balbiani à propos des mélanges d'huile lourde, d'eau et de carbonate de soude; de plus, les propriétés savonneuses du Lysol lui donnent une grande puissance d'imprégnation des tissus, et lui permettent, grâce à son extrême fluidité, de traverser la mousse, de pénétrer jusque dans les moindres fissures de l'écorce, et d'aller pour ainsi dire, à domicile, atteindre l'œuf d'hiver et le détruire par stérilisation.

Des expériences nombreuses remontant déjà à plus de six années, ont établi d'une façon indiscutable la haute valeur de ce produit et ses qualités insecticides et stérilisantes.

Une étude de M. J. Laborde, Sous-Directeur de la station agronomique de Bordeaux sur la cochylis et les moyens de la combattre par les traitements d'hiver, constatait dernièrement la puissance de destruction du Lysol sur les larves de l'endeminis et de la cochylis.

Cette supériorité d'action du Lysol sur les insectes et sur leurs larves ou œufs tient, nous le répétons, aux qualités propres de ce produit, savoir : à sa solubilité complète dans l'eau qui rend son action toujours parfaitement égale, mais plus encore, dans l'espèce, à ses propriétés savonneuses et dissolvantes qui en font un agent de pénétration, d'imprégnation, d'imbibition et par suite, de stérilisation de premier ordre.

D'après un viticulteur que nous avons eu l'occasion d'entendre vanter le Lysol, nous avons obtenu les renseignements suivants :

Il a traité ses vignes au mois de février par un badigeonnage copieux de toutes les souches, à l'aide d'un pinceau avec une solution à 5 0/0 de Lysol. 8 à 10 jours après cette première opération, il la recommence en ayant soin de faire décortiquer les ceps, afin de débarrasser les souches d'une mousse très compacte dont elles étaient en général recouvertes.

Mais au lieu de badigeonner cette fois, il s'était muni de pulvérisateurs Vermorel qui projetaient sur les ceps une nouvelle solution de Lysol à 5 0/0 en mouillant abondamment

Nous recommandions au début de tremper les plantes dans l'eau à 45 ou 50° avant leur mise en stratification. La même expérience a été faite, non plus avec de l'eau bouillante, mais en trempant les plants avant leur mise en place pendant une heure, dans une solution à 1 0/0 de Lysol.

De tout ce qui vient d'être dit, relativement au traitement du phylloxera par les différents produits et le Lysol, il y a lieu de s'étonner qu'un produit nouveau ait si vite conquis une place prépondérante comme insecticide dans les traitements. Les résultats sont faits pour encourager et pour notre part, à côté des essais auxquels nous nous sommes livrés nous-mêmes, nous serons heureux de recevoir le résultat des expériences auxquelles nos lecteurs pourront se livrer. Ajoutons que le prix de revient des traitements par le Lysol est très modique. Il ne dépasse guère 75 fr. à l'hectare au lieu de 250 à 300 francs.

On cherche le moyen de reconstituer en évitant le phylloxera. Ce moyen, depuis le jour où l'on a essayé de lutter contre le terrible dévasteur, a été de remplacer dans les terrains où l'on voulait constituer un vignoble, nos vieux ceps français par des vignes américaines réputées pour leur résistance à l'insecte.

Dans cette reconstitution aujourd'hui orientée surtout vers le développement des porte-greffes américains, sur lesquels on greffera des cépages français, il faut veiller avec une minutie absolue sur les conditions d'adaptation qu'exigent les porte-greffes que l'on emploiera. Les riparia qui veulent des terrains riches, profonds, secs et non humides, les rupestris qui se plaisent dans les sols caillouteux et siliceux et les berlianderi qui préfèrent les terres crayeuses de calcaires friables blancs, constituent les trois espèces de vignes américaines dont les hydridations ont formé, sous les directions de MM. Couderc, Vialla, Malafosse, Franck, Lebel, Terras, Lacoste, Ravaz, des porte-greffes nouveaux dont les viticulteurs ont su faire leur affaire et sur lesquels ils ont pu greffer nos excellents crus français, bien meilleurs que tous les vins que pourraient produire n'importe quelle vigne américaine.

Nous terminerons en engageant ceux qui nous lisent à n'employer comme greffons que ceux de cépages reconnus supérieurs, la qualité étant toujours préférable à la quantité. Et ainsi ils s'éviteront des déboires dont certains viticulteurs se plaignent à l'heure actuelle, pour n'avoir pas suivi ces préceptes. Ils ne seront pas obligés d'employer l'œnotannin (1) qui seul peut améliorer les vins dont on pourrait douter.

L'ERINOSE

Un acarien, désigné suivant les auteurs, sous le nom de *phytocaptis vitis* ou *phytocaptis,* appartenant à la famille des tetranicides, produit sur les feuilles comme de petites galles qui constituent avec les taches blanches, passant vite au rouge brun qui se manifestent sur la face inférieure des feuilles, la maladie dite érinose.

Nous n'attachons pas une grande importance à cet acarien, dont les dégâts sont en général, presque insignifiants.

Ajoutons, du reste, que la plupart des traitements soit au soufre, soit à la bouillie bordelaise, suffit pour en débarrasser les plants.

LE GRIBOURI

Désigné sous le nom d'écrivain, de molpe, de tête cache, de diablotin, le gribouri, que l'on appelle scientifiquement *eumolpus vitis*, *adoxus vitis*, *bromius vitis,* est un coléoptère de 5 à 6 mm. de long sur 3 de large.

L'insecte parfait ronge en mai et juin le parenchyme des feuilles, les tiges vertes et les raisins en y faisant

(1) L'œnotannin est un produit inventé par M. Chevallier-Appert, 24-26-28-30, rue de la Marc, à Paris (xxe arrondissement).

de légères entailles qui ressemblent presque à des caractères d'écriture cunéiforme.

Les larves, par contre, font des dégâts considérables, en attaquant les racines et creusant des entailles qui affaiblissent les ceps et font parfois mourir la plante.

Certains vignerons trouvent utiles de lâcher dans leurs vignes, alors que les raisins ne sont pas encore mûris, leur poulailler. Leurs poules font une destruction assez grande de ces insectes et autres petits coléoptères qui attaquent également le vignoble.

On procède de plus, pour chasser le gribouri à l'état d'insecte parfait, comme pour nombre d'autres coléoptères dont nous avons parlé, en secouant légèrement les ceps le matin, afin de faire tomber dans l'entonnoir sac, les insectes qui se cacheraient sous les feuilles.

Pour les larves, le traitement au sulfure de carbone, employé contre le phylloxera ou contre les vers blancs et toutes les larves d'eperithelus produit aussi de bons résultats.

LA COCHYLIS ET LA PYRALE

Nous voici maintenant en présence de deux insectes dont les dégâts sont relativement considérables, nous voulons parler de la cochylis et de la pyrale.

La cochylis est certes de tous les papillons qui apportent le désastre dans le vignoble français, l'un des plus dévastateurs.

On lui a donné de nombreux noms, en dehors de son

nom scientifique, *tortris ambiguella*, *tortris uvanna*, *cochylis rosæ rama*. Les paysans la désignent souvent sous les noms de teigne de la vigne et la larve sous le nom de ver de la vigne, ver coquin, ver rouge, ver de la vendange.

Elle a deux générations : une à la floraison, l'autre à la maturation des fruits. Les jeunes naissent une douzaine de jours après la première ponte de la floraison, ils s'enveloppent dans les jeunes feuilles qu'ils réunissent par des fils de soie ; ils ravagent les ovaires et les étamines des vignes.

A la deuxième génération, les larves pénètrent par un petit trou dans les grains du raisin qu'elles vident, passant d'un grain dans un autre, perdant ainsi les plus belles grappes.

L'insecte, quand il se transforme en chrysalide, protégé par les écorces des tiges ou les fissures des échalas, s'enveloppe dans un cocon très serré, se moquant du froid et de la pluie.

Nous pensons qu'un échaudage des ceps, fait immédiatement après la vendange, suffira pour détruire les chrysalides ; on emploiera la solution :

Poudre de pyrètre.......	1 kilog 500
Savon................	3 »
Eau bouillante..........	100 litres.

On détruira nombre de chenilles qui s'attaquent à la fleur en procédant chaque année à une sorte de désinfection des échalas en les passant au four. On en est quitte pour les faire reséjourner ensuite dans une dissolution de sulfate de cuivre au 10e. La même immersion à lieu, du reste, pour tous les liens qui sont employés dans le vignoble.

La pyrale, si souvent confondue avec la cochylis, par la plupart des vignerons, est une teigne, la *tortris pilleriana*, on l'appelle aussi pyralis vitana et nophira pilleriana, phiralis vitis, palène de la vigne, chape de la vigne, pyrale, ver de la vigne, ver à tête noire, ver de l'été, conque, barbotte.

Les dégâts de cet insecte ne sont pas nouveaux, on les signalait en 1562 à Argenteuil et depuis lors, ce lépidoptère n'a pas voulu nous abandonner, aussi chacun connaît ces petites chenilles attachées à un mince fil de soie, que balance le vent, jusqu'à ce quelles puissent s'accrocher au cep et se refugier sous l'écorce ou dans les fissures des échalas. Les chenilles s'attaquent aux pédicelles, aux organes de fructification, aux pédoncules ; à peu près comme l'urbec, elles se font des cornets où elles se réfugient pour éviter le soleil et le vent. Les gelées, peu nuisibles à la Cochylis, sont heureusement néfastes à la pyrale, qui en meure souvent dans l'hivernage.

Nous connaissons beaucoup d'ennemis de la cochylis : un coléoptère malacchius et un hyménoptère, le munimera diphormius, un ichneumo féroce. Contre elle, nous connaissons aussi d'autres ichneumos, tels que la pyrale melanagonus, l'anomalon laveomatum et parmi les hémiptères le pumplum astigator, le pampophex, le pimplat alternance, mais, s'il nous fallait parler de tous les insectes qui ont voué une haine à la pyrale, cela nous entraînerait trop loin.

Pour combattre cet insecte dévastateur, on emploie avec grand succès l'échaudage des ceps à l'eau bouillante que l'on pratique de la façon suivante :

Dans des chaudières ad hoc, on chauffe, dans le champ, de l'eau jusqu'à l'ébullition, on la verse dans des cafetières spéciales recouvertes d'un drap et on répand ce liquide destructeur sur le haut de la tige de façon à ce qu'il descende tout le long du bois, atteignant dans les fissures les cocons soyeux recouvrant les chenilles qui sont ainsi ébouillantées nettes.

On procédera à cette opération après la taille, en ayant bien soin de ramasser les sarmentset de les brûler d'autre part. Au moment où les pyrales se sont enfermées dans les feuilles formant cornets, on pourra les cueillir à la main. Dans tous les petits vignobles de cépages renommés, comme dans les autres du reste, on aura soin de brûler les feuilles détachées, de façon à anéantir pour jamais les progénitures des pyrales.

Contre la pyrale et contre les insectes qui se cachent dans les fissures des échalas, nous procédons souvent, chaque fois que nous le jugeons nécessaire, tout au moins à l'échaudage des soutiens de la vigne.

Dans un grand baquet d'une hauteur de 1 m. 50, nous mettons le contenu de deux grandes chaudières d'eau portée à l'ébullition où nous plongeons les échalas pendant 10 minutes, pour combattre les chenilles.

Nous avons pour combattre la pyrale un autre moyen, nous plaçons après la taille, sous chaque souche, une grande cloche sur laquelle nous brûlons dans un petit récipient spécial 25 grammes de soufre. L'acide sulfureux qui se produit pendant la combustion qui, doit durer environ 7 minutes et 1/2, détruira l'insecte.

On peut procéder aussi au soufrage des échalas de la façon suivante : on dispose les échalas en tas circulaire. Au centre on met un réchaud à charbon de bois, sur lequel on jette une assez grande quantité de fleur de soufre en ayant soin de recouvrir le tout d'une bâche qui retient le départ de l'acide sulfureux.

A l'une des dernières séances de l'Académie des Sciences, M. Johannès Chatin a présenté au nom de MM. Vermorel et Gastine une note sur la destruction des pyrales au moyen de pièges lumineux. L'idée de détruire la pyrale en allumant de nuit des foyers au milieu des vignes a déjà été tentée ; on objectait contre l'efficacité du moyen que les femelles, étant plus lourdes que les mâles, ne devaient être tuées qu'en petit nombre.

Les auteurs de la note ont perfectionné le procédé en employant des appareils portatifs qui se fixent par une douille sur un piquet enfoncé en terre. L'appareil se compose d'un brûleur d'acétylène à flamme nue placé au centre d'un bassin métallique dans lequel on met de l'eau et une petite quantité de pétrole qui surnage. Les insectes attirés par la lumière se précipitent sur la flamme et s'y brûlent ; d'autres bien plus nombreux tombent, en raison de leur vol à trajectoire plongeante, dans le bassin où ils sont tués immédiatement par le pétrole.

Dans le Beaujolais le système de destruction a été expérimenté avec efficacité ; dans une nuit on a pu tuer jusqu'à 2,000 insectes à l'aide d'une seule lampe. On peut espérer qu'il rendra de grands services à l'agriculture, car il est d'un emploi facile et ne nécessite qu'une dépense modique. Il permet d'ailleurs d'atteindre d'autres insectes ampélophages, tels que la cochylis ; quant à la destruction des pyrales femelles, elle est obtenue dans une proportion qui dépasse parfois celle des mâles.

Nous ne voulons même pas recommander certains essais qui ont été tentés par quelques novateurs, tel que le flambage des écorces à l'aide du pyromoleum, qui lance une flamme de pétrole sur les ceps.

CONCLUSIONS

Nous n'insisterons pas sur d'autres insectes dévastateurs de la vigne, qui, à notre avis, s'ils peuvent dans certains cas, causer quelques dégâts, ne font pas dans les vignes des ravages comparables à ceux des insectes que nous venons de citer.

De plus, avec la plupart des traitements, ces insectes sur lesquels nous ne voulons pas nous arrêter, se trouvent sûrement détruits et combattus, qu'il nous suffise, pour être complet, de noter en passant la cecidomie de la vigne, la vespere de Xatar, les otiorhyncus, les peritelus, la cochenille, les cicadelles de la vigne, les pucerons de la vigne, les cigales, les nicius, les calacoris, les noctuelles, le sphynx de la vigne, le porte selle et les ephipigere, qui, si ils vivent généralement de la vigne, n'ont pas encore appelé d'une façon spéciale, l'attention des vignerons, des viticulteurs et des savants.

Nous avons, dans ce petit ouvrage, étudié brièvement chacun des parasites du beau vignoble français. Qu'il nous soit permis de dire avant de terminer, que le moyen le meilleur pour avoir une vigne superbe et de bonnes récoltes, c'est d'apporter des soins méticuleux, une énergie indomptable et une persévérance dont, en fin de compte, on se trouve toujours récompensé.

Pour se constituer un vignoble, nous ne saurions trop le répéter, il faut d'abord chercher les meilleurs plants s'adaptant parfaitement au sol. Il ne faut pas s'entêter à vouloir faire produire par certains terrains du raisin, alors qu'ils ne sont pas propices à la viticulture. La France contient assez de sols calcaires et sablonneux pour que les paysans français s'en tiennent à ces terres-là pour introduire la culture de la vigne.

Qu'on ne l'oublie pas, les sables qui ne contiennent pas plus de 75 0/0 de silice, chaque vigneron le sait, jouissent d'une immunité absolue contre le phylloxera et les autres maladies. De plus, dans les terrains sablonneux et calcaires, la plupart des larves sont facilement atteintes et les insectes destructeurs arrivent à causer beaucoup moins de dégâts.

Le choix des porte-greffes américains ne doit pas être fait à la légère, l'analyse du sol doit être une indication primordiale et dans le greffage des ceps on ne saurait apporter une trop grande réflexion, il faut toujours choisir les cépages qui offrent le plus de résistence à tous les fléaux qui se sont abattus sur le merveilleux vignoble français.

A l'heure actuelle, la culture de la vigne exige une science réelle, une expérience indiscutable, une perpétuelle préoccupation, des soins de tous les instants, de bonnes fumures, l'emploi préventif d'engrais spéciaux de sulfures et de sulfates appropriés.

Malgré cela, cette culture peut être encore rémunératrice, nous pouvons retrouver peu à peu ces précieux vins de France, qui firent la réputation de notre beau pays, de ces vins qui font chanter joyeusement et qui apportent comme un regain d'esprit dans toutes les cervelles alors qu'il nous est permis de boire du bon vin et qui ne soit pas frelaté. Avec les levures selectionnées de M. G. Jacquemin, à Malzeville, avec l'*œtannin* de Chevallier-Appert, on peut obtenir des vins parfaits avec des cépages dont la valeur est discutable, mais au moins c'est toujours du vin et avec les appareils de Frantz Malvezin, de Cauderan, il est facile de le vérifier.

Certes, ce vin, il faut le gagner à la sueur de son front, mais cela n'est pas un empêchement au développement de la culture de la vigne et dans les laborieux départements où la reconstitution prend une si grande place, nous sommes persuadés que le courage modeste de nos vignerons qui combattent si vaillamment, connaîtra enfin le triomphe que la mévente actuelle des vins peut retarder, mais n'empêchera pas. Lorsque la loi sur les falsifications sera votée et entrée dans la pratique, on pourra boire en France à des prix abordables du bon vin revivifiant, sain et qui sera un excellent élément de repopulation.

Les manies doctorales qui ont établi dans l'alimentation humaine l'eau comme boisson recommandée, ont certes, fait du tort aux vignobles français, mais elles ont causé en plus, un dommage bien plus grand au développement de notre nation. Nous ne saurions trop le redire, les eaux où se trouvent des bicarbonates de soude et sels analogues, sont dans la majorité des cas, par leur emploi alimentaire, des obstacles à la repopulation.

Et on s'étonne de voir notre pays descendre peu à peu les derniers échelons quant à la densité d'habitants par rapport à l'Europe !...

Qu'il nous soit permis également de dire un mot sur un phénomène des plus malheureux au point de vue de l'avancement agricole de notre nation. La centralisation à outrance, l'émigration perpétuelle des campagnes vers les villes, voilà l'un des maux les plus grands, sans compter cette désastreuse aspiration, véritable plaie, qui se développe chez la plupart des citoyens des campagnes, le fonctionnarisme.

De tous côtés, nous semblons être contre le collectivisme et chacun des actes de nos compatriotes n'est qu'un effort vers un collectivisme déconcertant.

L'Etat-Dieu, l'Etat-Providence, voilà le rêve de la majorité des Français ! Eh bien ! nous voulons aussi protester de la façon la plus énergique contre cette tendance malheureuse.

Ce que nous voulons, c'est le père de famille cultivateur, ayant beaucoup d'enfants autour de lui pour l'aider à cultiver ses terres. On se plaint de la disparition de la main-d'œuvre, il n'y a rien d'étonnant ; vous envoyez dans les villes où ils deviennent la proie de la tuberculose et d'autres maladies plus honteuses, des enfants que la nature avait préparés pour une vie beaucoup plus saine, plus large, plus régénératrice !

TABLE DES MATIÈRES

Les Maladies

Châteauroux. — Imp. P. Langlois et Cie.

www.ingramcontent.com/pod-product-compliance
Ingram Content Group UK Ltd.
Pitfield, Milton Keynes, MK11 3LW, UK
UKHW022110170726
13837UKWH00003B/1142

9 782019 997243